Redéfinir l'hygiène
2016

Redéfinir l'hygiène 2016

Par Gaétan Lanthier & Rémi Charlebois

Collaboration spéciale: Maxime Bélanger et Rosario Corbo
Design graphique (couverture): Alex St-Gelais
Remerciements : Louis-Gilles Lafond

Dépôt légal — Bibliothèque et Archives nationales du Québec, 2015.
Dépôt légal — Bibliothèque et Archives Canada, 2015.

ISBN 978-2-9814674-6-1

Table des matières

Mots des auteurs

Encore une année qui s'achève avec une multitude d'accomplissements. Encore une autre qui commence avec son lot de défis.

Nous sommes heureux de continuer ce qui est maintenant devenu une tradition et de vous offrir nos réflexions sur l'hygiène et la salubrité au Québec. Redéfinir l'hygiène c'est aussi d'être responsable vis-à-vis l'environnement et le futur de notre industrie. Un futur qui est plus proche qu'il n'y parait!

En partageant notre savoir, nos réflexions et nos passions, nous espérons réussir et vous faire réussir un peu plus.

Lalema célèbre d'ailleurs cette année ces 40 ans. Sa vision « Entreprendre en harmonie, ensemble et maintenant » vous inclut également chers lecteurs.

Alors bon nettoyage!

Gaétan et Rémi

Chapitre 1 – Bactéries et virus

Virus ou bactérie? Quelle est la différence?

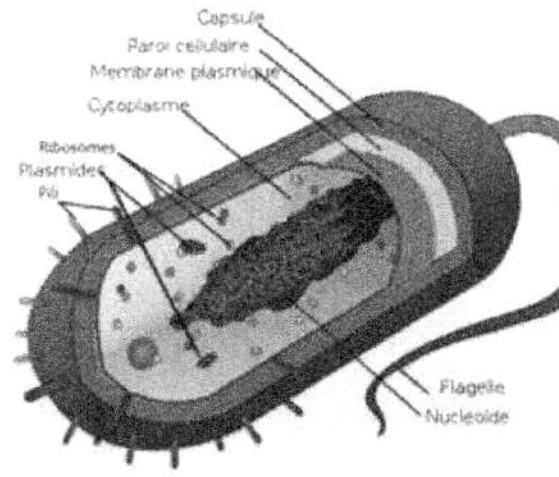

Bactérie

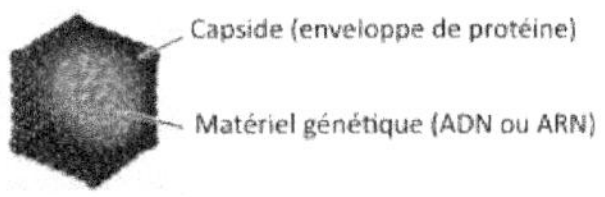

Virus

Il arrive souvent que les gens soient confus entre virus et bactérie.

Virus ou bactérie?
Une bactérie est un organisme unicellulaire relativement complexe. Généralement, elle peut vivre et se reproduire par elle-même.

Les virus sont beaucoup plus simples, ils sont simplement faits d'un fragment de matériel génétique dans une enveloppe de protéines (capside) et parfois d'une surenveloppe de gras. Les virus ne peuvent pas se multiplier sans une cellule hôte et sont donc considérés comme des parasites.

Les illustrations ci-haut vont vous aider à visualiser la chose!

Notez que les virus sont beaucoup plus petits que les bactéries!

Petit jeu-questionnaire: Virus ou bactérie?

A. *Clostridium difficile*
B. Influenza A
C. SARM (*Staphylococcus aureus* résistant à la méthiciline)
D. Hépatite C
E. VIH/SIDA

Réponses à la dernière page du livre.

Les spores bactériennes!

Peut-être le savez-vous déjà, le Bio-Ranet® et le Katalyse contiennent des spores de bactéries! Lorsqu'elles sont activées, ces bactéries agissent directement sur les salissures en les dégradant.

Quelle est la différence entre une spore bactérienne et une bactérie?
Certaines bactéries sont capables de former des spores. Il s'agit en fait d'une espèce de cocon bactérien. La bactérie se transforme en spore et devient inactive. Cette forme lui permet de survivre très longtemps et la rend très résistante aux stress environnementaux.

Par exemple, on peut penser aux spores de *Clostridium difficile* qui sont résistantes à la plupart des désinfectants, mais sensibles à l'**Ali-Flex® RTU**! La spore sera réactivée en bactérie lorsqu'elle sera dans un environnement propice à son développement.

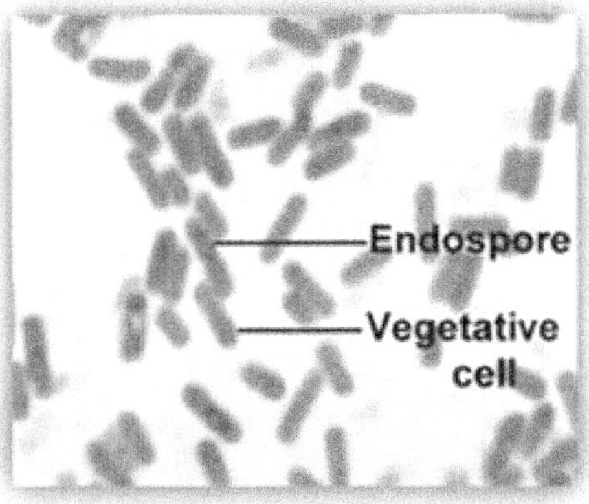

Saviez-vous que des spores vieilles, mais encore viables de 250 millions d'années ont été retrouvées dans des cristaux de sels au Nouveau-Mexique?

Qui sait, peut-être que dans 250 millions d'années, un microarchéologue va découvrir un échantillon de Bio-Ranet® avec des spores de bactéries encore viables dedans!

Les origines de l'Ebola

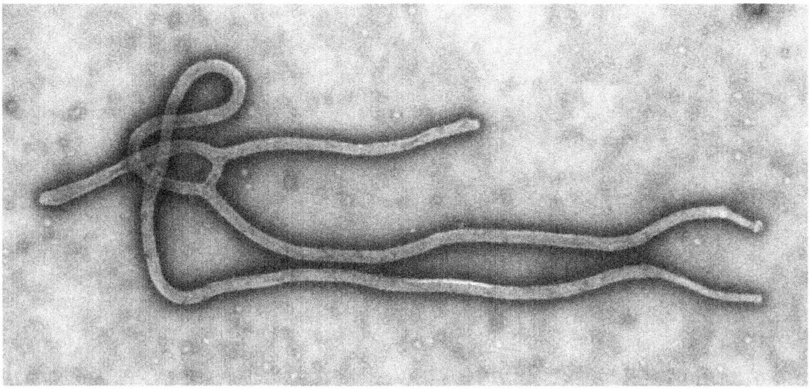

D'où vient l'Ebola?

Bien que cette question puisse sembler simple au premier abord, elle constitue un réel casse-tête scientifique. L'information parue dans les médias au cours de l'éclosion actuelle a peu fait le point sur la question.

Première apparition

Le virus Ebola a été identifié en 1976 lors d'une éclosion de fièvre hémorragique dans le village de Yambuku près de la rivière Ebola dans le nord du Zaïre, aujourd'hui la République démocratique du Congo. C'est le médecin Belge Peter Piot qui a identifié le virus Ebola pour la première fois. Cette épidémie avait alors touché 318 personnes faisant 280 morts. Par la suite, plusieurs éclosions d'Ebola ont été enregistrées en Afrique centrale. La souche virale identifiée fut nommée Ebola/Zaïre et est apparentée à la souche causant l'éclosion actuelle en Afrique de l'Ouest.

Un accident a aussi eu lieu en 1989 à Reston en Virginie, le virus a tué plusieurs singes et aurait vraisemblablement infecté 4 personnes qui n'auraient pas développé de symptômes. Cette souche bien distincte, Ebola/Reston, serait issue de singes en provenance des Philippines toutefois, l'origine exacte du virus demeure inconnue à ce jour.

L'éclosion de 2014

L'OMS a identifié le patient 0, il s'agit d'un garçon de deux ans de Méliandou, un village situé dans le sud-est de la Guinée. Toute la famille, ainsi qu'une amie de la famille auraient alors été infectées. L'infection n'aurait cessé de se propager depuis. Il s'agit de la première éclosion à survenir en dehors de l'Afrique centrale et même au-delà de l'Afrique.

Depuis l'éclosion se propage et a atteint à ce jour 14 413 personnes faisant plus de 5 177 morts. Actuellement, la croissance de l'épidémie semble se stabiliser et les experts espèrent qu'il n'y aura pas de deuxième vague dont les conséquences pourraient être désastreuses.

Réservoir naturel

Il est généralement accepté que les chauves-souris frugivores sont le réservoir naturel de ce virus. D'autres hypothèses pointent les insectes et parfois des primates. C'est ainsi que plusieurs scientifiques prévoient qu'avec la déforestation actuelle en Afrique que les cas d'Ebola risquent d'augmenter dans les années à venir.

Un travail d'éducation sera à faire avec les peuples situés à proximité de la forêt tropicale pour limiter la chasse des chauves-souris et primates pour la consommation alimentaire, ce qui n'est pas une pratique couramment répandue.

Pour en finir avec la teigne

La teigne est une infection fongique causée par plusieurs types de champignons, notamment ceux du genre *Trichophyton* et *Microsporum*. Les chats sont particulièrement vulnérables à la teigne, mais d'autres animaux de compagnies tels que les chiens peuvent aussi être infectés.

Les humains peuvent aussi être atteints et les enfants y sont plus vulnérables, mais parlons des animaux. Les symptômes seront principalement en surface. Plus précisément, une plaie caractérisée par une perte de poils avec une tache rouge ou noire est caractéristique de la teigne. Une visite au vétérinaire s'impose!

Briser la chaîne de transmission de la teigne

Il est connu que les spores de champignons peuvent demeurer sur une surface et présenter un risque d'infection si un autre animal ou si un humain entre en contact avec ces spores. D'où l'importance de bien désinfecter les surfaces en contact avec des animaux présentant des symptômes.

Dans les cliniques vétérinaires par exemple, la désinfection des surfaces et objets doit se faire avec un désinfectant portant la mention fongicide ou encore être efficace contre les champignons du genre *Trichophyton.*

La désinfection ce n'est pas tout! Le lavage des mains lorsque l'on manipule des animaux malades est tout aussi important que le lavage des mains dans un hôpital! Il s'agit d'une manière très efficace de briser la chaîne de transmission d'une infection. Assurez-vous d'avoir un savon à mains de qualité en quantité suffisante.

Norovirus: tout ce que vous devez savoir

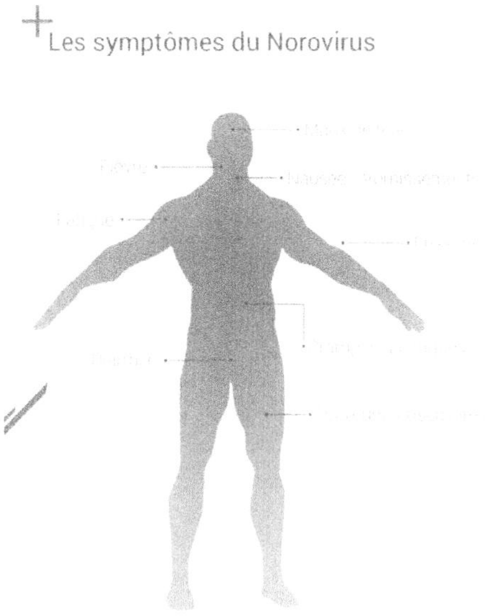

Qu'est-ce que le Norovirus?

Les Norovirus sont un groupe de virus qui provoquent la gastro-entérite, une maladie généralement accompagnée de diarrhée et/ou de vomissements. Il s'agit de virus très infectieux qui attaquent tous les groupes d'âge.

Selon Santé Canada:

65 % des gastro-entérites sont causées par le Norovirus ce qui en fait la plus grande cause de gastro-entérite au Canada.

1 Canadien sur 15 est infecté chaque année.

Les symptômes du Norovirus

Même si les symptômes du Norovirus ne sont pas alarmants, 800 personnes succombent à ces virus chaque année. Toutefois, la déshydratation est un risque sérieux surtout chez les jeunes enfants, les nouveau-nés, les personnes âgées ou les personnes déjà affectées par d'autres troubles médicaux.

D'une période d'incubation moyenne entre 12 à 48 heures, les symptômes incluent:

- maux de tête
- fièvre
- nausée
- vomissements
- fatigue
- frissons
- diarrhée
- crampes gastriques
- douleurs musculaires

La transmission du Norovirus

80 % des éclosions ont lieu entre novembre et avril. Cependant, une personne peut contracter le virus durant n'importe quelle période de l'année:

- En touchant une surface ou un objet contaminé puis en touchant sa bouche.
- En étant en contact avec une personne infectée.
- En étant en contact avec des particules de vomi ou ses gouttelettes.
- En mangeant ou en buvant de la nourriture contaminée.

Comment prévenir l'infection au Norovirus?

L'une des meilleures manières de prévenir les infections virales est le lavage de mains. Il est cependant important de le faire de la bonne façon:

- Mouiller les mains avec de l'eau propre.
- Appliquer du savon et frotter jusqu'à l'apparition de la mousse.
- Frotter les mains pendant au moins 20 secondes ou plus.
- Prendre soin de nettoyer le dos des mains, les paumes, l'espace entre chaque doigt et le dessous des ongles.
- Rincer les mains abondamment.
- Sécher les mains des essuie-mains propres.
- Utiliser un essuie-mains pour fermer le robinet.

MERS-CoV: notions de désinfection

MERS-CoV: notions de désinfection

Le « Middle East Respiratory Syndrome » Coronavirus (MERS-CoV) se propage présentement dans le Moyen-Orient et en Asie. Jusqu'à présent, la transmission semble se produire lorsqu'un contact étroit avec un individu ou un animal infecté a lieu. Ce type de propagation a été responsable de plusieurs cas de transmission nosocomiale à ce jour. Par exemple, un patient qui a attendu 2,5 jours dans une urgence de Séoul aurait transmis l'infection à 55 personnes.

Le taux de mortalité estimé est actuellement de 36 %. Toutefois, il est fort probable que ce mode de transmission ne soit pas représentatif de celui qui serait observé dans une population saine. Effectivement, la population qui a acquis l'infection en Corée du Sud représente 171 cas dont plusieurs avaient d'autres problèmes de santé et dont l'âge médian était de 55 ans.

Recommandations officielles

Les CDC et Santé Canada ont relâché des recommandations préliminaires pour la prévention et le contrôle de cette infection, d'autres informations devraient suivre sous peu. Au total, très peu d'information est disponible sur les bonnes pratiques d'hygiène environnementale par rapport à ce virus, particulièrement en ce qui a trait au produit utilisé pour la désinfection.

Comment désinfecter?

Les coronavirus sont des virus non enveloppés ce qui en fait des virus plus résistants aux désinfectants communs. Par exemple, il est connu qu'à une concentration de 400 ppm les ammoniums quaternaires sont inefficaces contre ces virus.

L'hypochlorite de sodium à une concentration minimale de 1 000 ppm est suffisant, néanmoins une concentration légèrement supérieure serait souhaitable pour la désinfection en milieu de soins. Très peu d'information est disponible pour les autres technologies désinfectantes.

À ce moment, l'isolement contact-gouttelettes est de mise. Malgré le fait que lors de l'éclosion de SARS, un virus similaire au MERS-CoV, il n'était pas clair que l'isolement gouttelette contact était suffisant pour prévenir la propagation de ce virus. Même si ces virus sont similaires, plusieurs différences notamment dans leur mode de transmission existent. Par conséquent, il faudra être très prudent avec l'extrapolation de résultats.

La petite histoire de la grippe

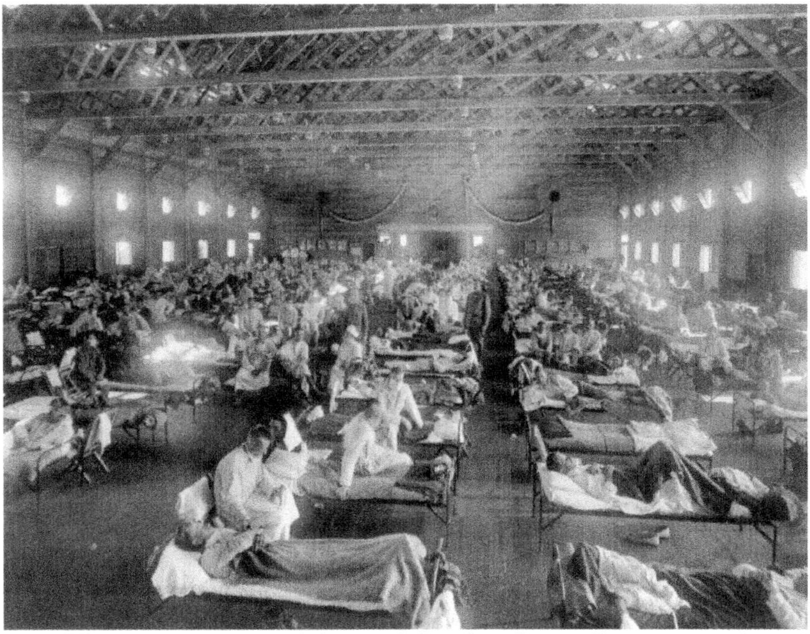

Photo historique de la grippe espagnole de 1918. Salle à Camp Funston, Kansas, montrant les nombreux patients malades.

J'aimerais vous parler de la grippe. Ma mère m'a toujours dit: « Mon fils, une petite grippe dure une semaine et une grosse dure 7 jours. » Et elle a raison! La grippe est une infection des voies respiratoires qui se transmet aussi très facilement. Elle est causée par le virus de l'influenza

L'origine de la grippe

Chez l'humain, l'influenza aurait frappé en Chine dès -2500. Chez les oiseaux, le virus remonte à plus de 8 000 ans.

Hippocrate l'avait clairement décrite

En -2400, les écrits d'Hippocrate décrivent clairement les symptômes de la grippe. Depuis, l'histoire regorge de description de nombreuses pandémies d'influenza. Toutefois, avant 1850, les données sont parfois difficiles à analyser, car les symptômes de la grippe sont similaires à d'autres maladies comme la diphtérie, la peste bubonique, la fièvre typhoïde et d'autres.

Principales pandémies grippales connues

Pandémie	Date	Décès	Sous-type impliqué	Index de sévérité
Grippe asiatique (russe)	1889–1890	1 million	H2N2?	?
Grippe espagnole	1918–1920	30 à 100 millions	H1N1	5
Grippe asiatique	1957–1958	1 à 1,5 million	H2N2	2
Grippe de Hong Kong	1968–1969	0,75 à 1 million	H3N2	2
Grippe A (H1N1)	2009–2010	18 138	H1N1	

Découverte du virus

On a longtemps pensé que l'influenza était causée par une bactérie. En 1931, le virus a été identifié chez le porc et 2 ans plus tard, en 1933, chez l'humain à partir de prélèvement sur la gorge d'un chercheur contaminé par la grippe.

Découverte du vaccin

En 1935, on a réussi à « cultiver » le virus dans des œufs de poules embryonnaires. Les premiers essais cliniques entre 1936 et 1938 sont peu concluants. En 1944, avec le soutien de l'armée américaine, on obtiendra les premiers vaccins efficaces à base de virus grippal. Les travaux de recherche se sont poursuivis depuis.

Le vaccin au Québec est disponible en novembre chaque année. Même si vous avez reçu le vaccin contre la grippe l'année précédente, vous devez le recevoir encore cette année. En effet, les niveaux d'anticorps chutent environ 6 mois après la vaccination contre la grippe, tout particulièrement chez les personnes dont le système immunitaire est affaibli.

Prévenir la grippe

Si on ne peut y échapper, il existe malgré tout des méthodes de prévention:

- On maintient un programme d'hygiène adéquat (surtout le lavage des mains).
- On se fait vacciner.
- On s'assure de nettoyer et désinfecter les surfaces régulièrement.

Mise au point sur la tuberculose

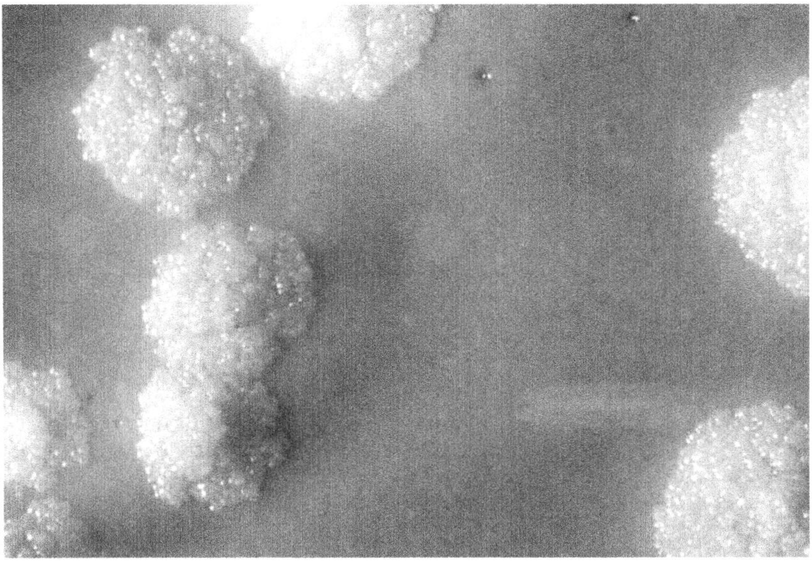

Une collaboration spéciale de Maxime Bélanger.

Le responsable: la bactérie *Mycobacterium tuberculosis* (TB)!
Depuis quelques jours, la tuberculose fait l'actualité de nombreux journaux et magazines publiés de par le monde. Cette montée soudaine d'intérêt survient à la suite de la sortie d'un communiqué de presse de l'Organisation mondiale de la Santé (OMS), énonçant qu'en 2013 près de 1 000 personnes par jours ont développé la tuberculose dans les régions Européennes. On relate également 38 000 décès associés en même lieu et date. Au Canada, on parle plutôt de 1 600 nouveaux cas d'infections annuellement. Les symptômes sont multiples et très peu plaisants: une toux sévère de longue durée, douleur à l'estomac, fatigue intense, fièvre, perte d'appétit, etc.

Comment désinfecter les surfaces infectées

Dans la plupart des cas, l'infection survient par la voie des airs lorsqu'une personne ayant un système immunitaire faible est mise en contact direct avec un patient contaminé. Il est également possible qu'une surface récemment contaminée constitue la source d'aérosolisation de l'agent infectieux. Bien que ce risque soit faible, il demeure tout de même qu'un cas de plus est un cas de trop. C'est d'ailleurs pourquoi il est nécessaire de désinfecter les surfaces à risques avec les bons produits, ceux portant la mention tuberculocide (TB).

La tuberculose au Canada

Ces chiffres et symptômes sont impressionnants, mais ne partez pas en peur! Dans les faits, l'incidence de la tuberculose au Canada est parmi les plus basses au monde, avec une diminution constante depuis les années 80. Malgré cela, il demeure primordial de contrôler et de prévenir les risques d'infections, surtout avec la hausse significative du nombre de *M. tuberculosis* multirésistantes aux antibiotiques qui sont isolés aujourd'hui.

Empêcher que ça ne devienne viral…

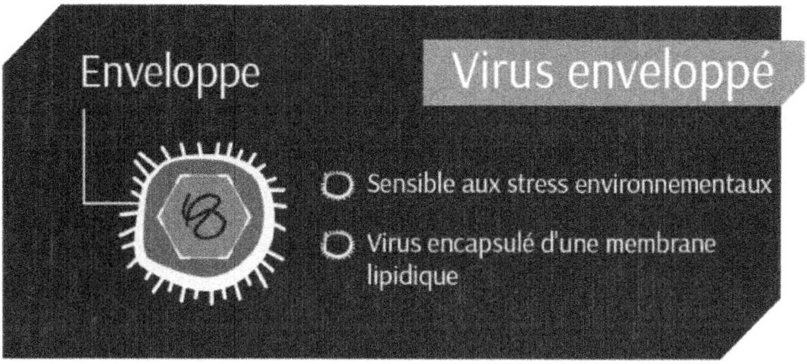

Empêcher que ça ne devienne viral…
Lorsque nous sommes en train de désinfecter, il est important de garder en tête ce que nous essayons d'éliminer. Le choix du désinfectant approprié doit toujours prendre en compte le ou les microorganismes à éliminer de l'environnement. Que doit-on considérer lorsque nous désinfectons un environnement contaminé avec des virus?

Virologie 101
Débutons avec un petit rappel de ce qu'est un virus. Un virus est un petit agent infectieux qui peut seulement se répliquer dans un autre organisme. Cette notion est très importante. En effet, un virus humain ne peut pas se répliquer dans la nourriture ou dans la saleté; il est spécifique à son hôte.

Une autre notion à garder en tête est qu'il y a des virus enveloppés et non enveloppés. L'enveloppe est faite d'une membrane lipidique qui provient de la cellule dans laquelle le virus s'est répliqué. Tous les virus seront composés d'une capside formée de protéines et de matériel génétique, soit de l'ADN ou de l'ARN.

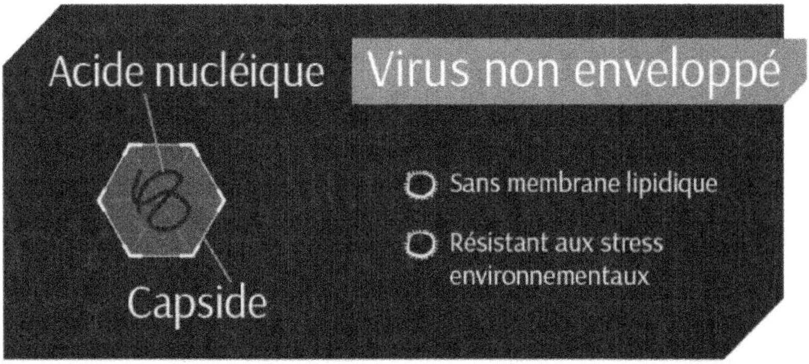

Résistance aux désinfectants

En ce qui concerne la résistance aux désinfectants, les virus peuvent être divisés en deux groupes, soit les virus enveloppés et les virus non enveloppés. Les virus non enveloppés sont généralement plus résistants aux désinfectants.

Par exemple, le Norovirus et l'agent étiologique de l'hépatite A sont de petits virus non enveloppés. Ces virus sont aussi très résistants aux stress environnementaux tels que la température, les faibles ou forts taux d'humidité et les désinfectants.

Comment s'y prendre pour désinfecter un environnement contaminé avec des virus?

Premièrement, assurez-vous d'avoir un désinfectant avec la mention virucide sur la bouteille. Vous pouvez aussi regarder les allégations spécifiques aux virus sur l'étiquette du produit. Toutefois, la mention virucide est suffisante puisqu'elle a été déterminée à partir de l'efficacité du produit contre différents virus.

Normalement, un minimum de 1 000 ppm d'hypochlorite de sodium stabilisé ou 5 000 à 10 000 ppm de peroxyde d'hydrogène à action rapide est une bonne façon de s'assurer que les virus présents dans l'environnement ne représenteront plus un danger.

Chapitre 2 – Trucs de nettoyage

Guide pratique: Traitement des taches

Ça nous est tous arrivé à un moment ou un autre, une gorgée de café ou de vin de travers, un crayon non bouchonné dans notre chemise, une goutte de sang à cause d'une imprudence. Que faire quand une situation comme celle-ci arrive? Paniquer, crier, arracher ses vêtements? Aujourd'hui, Lalema vous propose un petit guide pratique pour lutter contre les taches sur les vêtements.

La première chose à faire si vous avez accès à de l'eau c'est de rincer à fond la tache. Toujours utiliser de l'eau froide ou tiède. Certains produits comme le sang, le jus de tomates ou le vin vont cuire en eau chaude rendant le retrait de la tache beaucoup plus difficile. Ensuite, chaque tache est chimiquement différente, alors c'est du cas par cas. Par conséquent, il est bien important de reconnaître la nature de la tâche avant de la traiter

Types de taches et solution

Type de taches	Solution
Rouille, vert de gris, métaux	Produit acide
Encre, teinture d'iode	Solvant/alcool
Graisse, huile	Dégraissant basique
Sang, urine	Oxydant
Gazon, boues	Détergent à lessive
Bière, café, thé, chocolat, confiture, jus de fruits	Détergent à lessive

* certains produits doivent être dilués avant utilisation, car ils sont très concentrés.

Technique de détachage

La première chose à considérer c'est qu'il faut agir le plus rapidement possible. Plus la tache est fraîche, plus vos chances de s'en débarrasser sont grandes. Si la tache est fraîche, tenter de l'éponger et de retirer le maximum du produit tachant puis rincer. Si vous avez accès à un savon doux, vous pouvez toujours l'utiliser, mais ce n'est pas toujours suffisant.

Certaines taches doivent tremper pour un certain temps avant de pouvoir être délogées. Faire tremper dans une solution de savon à lessive tel que le **Spin** pour une heure ou deux avant de passer à la lessive. Pour un traitement-choc ou un traitement plus en profondeur, suivre les indications dans le tableau.

Ce guide est bien général, car chaque tissu et chaque tache sont différents. Avant d'utiliser un produit pour enlever une tache vous assurer que celui-ci n'endommagera pas le tissu à détacher.

Finalement, certaines taches sont indélébiles et irréversibles; c'est effectivement le cas des tâches causé par l'eau de Javel. Si vous avez besoin de produits ou de conseil pour lutter contre les taches, n'hésitez pas à nous écrire!

Comprendre les filtres HEPA

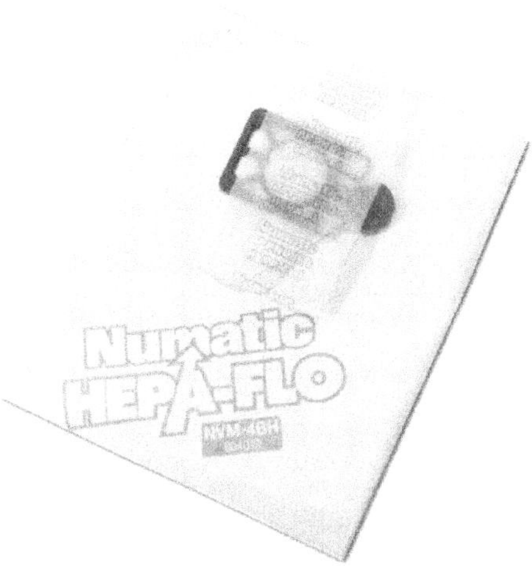

Un filtre HEPA est un filtre à très haute efficacité. Selon son grade, un filtre HEPA enlèvera au moins 99.97 % des particules dans l'air à un diamètre de 0.3 micromètre.

Entretien des sols
Dans l'industrie de l'entretien ménager ou du nettoyage industriel et commercial, on retrouve ce type de filtre dans les aspirateurs. Certains modèles d'aspirateur conçus pour les matières dangereuses retiendront au moins 99.997 % des particules dans l'air à un diamètre de 0.3 micromètre.

Séchoir à mains
Même certains séchoirs à mains offrent une filtration HEPA pour réduire les bactéries dans l'air. On ne voudrait contaminer nos mains toutes nettes!

Milieu hospitalier
En milieu hospitalier, des masques peuvent également être HEPA et protéger contre la tuberculose (une maladie transmissible par voie aérienne).

Avions et automobiles
Plusieurs modèles de voiture ont des filtres HEPA (Toyota, Honda, Hyundai et bien d'autres).

Dans les avions, l'air est filtré à l'aide de filtre HEPA.

Un micromètre, c'est gros comment?

- Le chas d'une aiguille: 1000 micromètres
- Le sable fin: 100-2000 micromètres
- Le diamètre d'un cheveu: 70-100 micromètres
- La poudre de talc: 10-30 micromètres
- Limite de visibilité à l'œil nu: 40 micromètres
- Une bactérie: 0.5-20 micromètres
- La fumée de cigarette: 0.1-1 micromètre

Faits intéressants
Saviez-vous que les premiers filtres HEPA ont été développés dans les années 40 dans le cadre du projet Manhattan pour filtrer les contaminants radioactifs?

Avec ta brosse à cuvette, tu ne contamineras pas

On dira ce qu'on voudra, brosser une cuve de toilette, ce n'est pas la galère. Maintenant, tout comme on change de brosse à dents souvent, à quand remonte la dernière fois où vous avez lavé ou changé votre brosse à cuvette?

Un peu d'histoire

En 1933, William C. Schopp de Californie a obtenu un brevet pour la brosse de toilette en plastique moderne. Le dispositif de nettoyage pour cuvette sera distribué par l'Addis Brush Co. qui allait plus tard créer le premier sapin de Noël artificiel – en utilisant la même machine utilisée pour fabriquer des brosses de toilette!

Un peu de technologie

Vous pensez que l'hygiène et la salubrité c'est traditionnel? Une simple recherche sur Google Brevet donne plus de 3900 résultats de brevet concernant les brosses à cuvette. En voici quelques exemples (traduction libre):

- Brosse à cuvette entièrement jetable
- Brosse à cuvette motorisée
- Brosse à cuvette sans goutte
- Brosse à cuvette avec poils fait de gel soluble dans l'eau
- Brosse à cuvette à doubles brosses
- Brosse à cuvette avec liquide nettoyant intégré
- Combinaison déboucheur à ventouse et brosse à cuvette

Et la liste continue…

La compagnie 3M possède à elle seule au moins 67 brevets en lien avec les brosses à cuvette!

Un peu <u>moins</u> de contamination

Un sage anonyme a un jour énoncé: « Toute solution n'est pas nécessairement applicable partout de la même manière »! Ainsi, si on parle du milieu hospitalier où les risques d'infection sont élevés, il convient d'opter pour une solution qui minimise les risques. Parmi les caractéristiques recherchées, on voudra:

- Minimiser le transfert de résidus entre les aires publiques et d'une pièce à l'autre, en favorisant une utilisation unique par toilette.
- Éviter le contact de la brosse contaminée sur les surfaces sales.
- Faciliter le changement de brosse une fois le nettoyage terminé.
- Éviter l'utilisation de parfum.
- Favoriser un usage rapide sans ajout de produit additionnel.
- Permettre un récurage efficace.
- Permettre le nettoyage des parties difficiles à atteindre, dont le dessous du rebord de la cuvette.
- Être en conformité le plus possible avec les protocoles normaux déjà établis dans les établissements de soins de santé pour le nettoyage des cuvettes de toilette et des urinoirs.

- Permettre la désinfection des parties de la brosse qui ne serait pas à usage unique.
- Réduire la partie à usage unique pour minimiser les impacts sur l'environnement.
- Uniformiser les méthodologies de travail et remplacer les brosses à cuvette et les nettoyants à cuvette traditionnels.
- Faciliter la manutention et l'accès aux composantes de la brosse et de ces accessoires notamment dans les espaces de rangement, dans les armoires d'articles de nettoyage et sur les chariots de concierge.

Un peu plus de simplicité avec une brosse à cuvette 3M

Parmi tous ces brevets et toutes ces caractéristiques, l'une d'elles a retenu notre attention:

Une brosse à cuvette jetable avec un manche ergonomique et réutilisable munie d'un bouton à dégagement rapide par glissement qui permet de détacher facilement la brosse utilisée afin de la mettre au rebut sans la toucher une fois le nettoyage terminé.

Bien qu'il s'agit d'une solution qui génère des rebuts, il faut admettre que le risque de transmission des infections est diminué si l'ensemble du nettoyage d'une toilette et des espaces tout autour est fait selon les règles du métier et en suivant les protocoles en vigueur.

Chapitre 3 – Santé et sécurité au travail

SIMDUT 2015 : êtes-vous prêts pour la nouvelle réglementation?

	**Bombe explosant** (pour les dangers d'explosion ou de réactivité)		**Flamme** (pour les dangers d'incendie)		**Flamme sur un cercle** (pour les matières comburantes)
	**Bouteille à gaz** (pour les gaz sous pression)		**Corrosion** (peut être corrosif pour les métaux ainsi que la peau ou les yeux)		**Tête de mort sur deux tibias** (peut être toxique ou mortel après une courte exposition à de quantités)
	**Danger pour la santé** (peut avoir ou est présumé avoir de graves effets sur la santé)		**Point d'exclamation** (peut entraîner des effets moins sévères sur la santé ou couche d'ozone)		**Environnement*** (peut être nocif pour le milieu aquatique)
	**Matières infectieuses présentant un danger biologique** (pour les organismes ou les toxines susceptibles de causer des chez l'humain ou chez l'animal)				

* Le SGH établit également un groupe de dangers pour l'environnement. Ce groupe et les classes qu'il englobe n'ont pas été adoptés dans le SIMDUT 2015. Cependant, les différentes classes liées à l'environnement peuvent figurer sur les étiquettes et les fiches de données de sécurité (FDS). Le SIMDUT 2015 permet de fournir des renseignements concernant les dangers pour l'environnement.

Saviez-vous que le nouveau règlement sur le SIMDUT 2015 est entrée en vigueur le 11 février 2015? Non? Ce n'est pas grave, je vais vous expliquer ce que ça implique pour vous.

SIMDUT 2015: Entrée en vigueur du nouveau Règlement sur les produits dangereux

Le règlement a été adopté le 11 février 2015 et implémente le SIMDUT 2015 ou le SIMDUT harmonisé au Système général harmonisé.

Le SIMDUT 1988 et le SIMDUT 2015 cohabiteront jusqu'au 1er décembre 2018, date à laquelle tous (fabricants, importateurs, distributeurs, employeurs et employés) devront être en conformité avec le nouveau système.

Nouveaux pictogrammes de danger

Les nouveaux symboles sont présentés dans un losange à bordure rouge sur fond blanc (à l'exception des matières infectieuses présentant un danger biologique qui demeure un cercle à bordure noire sur fond blanc). Les pictogrammes sont en noir.

Les dangers pour la santé sont maintenant divisés en risques

Corrosif pour la peau ou les yeux

Risques toxiques ou mortels après une courte exposition

Risques graves pour la santé

Risques moins sévères

Nouvelles étiquettes du fournisseur SIMDUT 2015

La bordure hachurée ne sera plus requise sur les étiquettes de produits dangereux. Les étiquettes présenteront 10 nouveaux pictogrammes de danger.

Les données normalisées présenteront les données ainsi:

- Mention d'avertissement
- Mentions de danger
- Pictogrammes
- Conseils de prudence
- Identificateur du produit
- Identificateur du fournisseur initial

Nouvelle fiche de données de sécurité (FDS)

Le système général harmonisé demande une fiche de données de sécurité contenant 16 rubriques plutôt que les 9 sections que l'on retrouvait sur la fiche signalétique.

La nouvelle fiche de données de sécurité devra aussi inclure les pictogrammes de danger.

Depuis plusieurs années, certains fournisseurs proposaient déjà des fiches de données de sécurité à 16 rubriques. Ils devront se conformer aux nouvelles exigences. Pendant la période de transition, il sera désormais interdit d'utiliser les nouvelles étiquettes avec les anciennes fiches signalétiques à 9 sections.

La mise à jour des FDS n'est plus requise aux 3 ans. Toutefois, la mise à jour de la FDS est faite dès que de nouvelles données sont disponibles.

Nouvelles responsabilités de l'employeur

Les responsabilités de l'employeur et de l'employé demeurent. Toutefois, certaines responsabilités s'ajoutent à l'employeur:

- Affecter un responsable de la transition au SIMDUT 2015
- Archiver les fiches signalétiques désuètes
- Demeurer informer sur le SIMDUT 2015

SIMDUT 2015 : l'échéancier à retenir

L'arrivée du nouveau SIMDUT, le SIMDUT 2015 va changer nos habitudes. Mais pas de panique, il reste encore du temps.

Entrée en vigueur des nouvelles lois et nouveaux règlements sur le SIMDUT 2015

- Loi et règlement canadiens depuis le 11 février 2015.
- Loi et règlement québécois depuis le 3 juin 2015.

Les échéances à retenir

- Lalema, en tant que manufacturier, sera prête avant le 1er juin 2017 et en tant que distributeur au plus tard le 1er juin 2018.
- Le SIMDUT 1988 et le SIMDUT 2015 cohabiteront jusqu'au 1er décembre 2018.
- Manufacturiers, distributeurs, employeurs et employés devront être en conformité avec le nouveau système le 1er décembre 2018.
- Durant la période de transition, pour chaque produit contrôlé, c'est un système ou l'autre qui s'applique.
- Formation au fur et à mesure que les nouvelles étiquettes et FDS font leur apparition sur les lieux de travail.
- Maintien de la formation SIMDUT 1988 tant qu'il y a des produits contrôlés qui utilisent ce système.

Pourquoi les douches d'urgence sont-elles importantes?

Vous travaillez dans un environnement avec des produits chimiques contrôlés? Saviez-vous que les 15 premières secondes suivant une exposition à une matière dangereuse, particulièrement les substances corrosives, sont critiques?

Réduire le temps pour commencer les traitements peut éviter une blessure grave

Selon le Centre canadien d'hygiène et de sécurité au travail:

Les douches d'urgence et les douches oculaires assurent une décontamination sur place. Elles permettent aux travailleurs de rincer à grande eau les substances dangereuses pouvant causer une blessure.

Une exposition accidentelle à des produits chimiques peut survenir même si des mesures d'ingénierie et de sécurité appropriées sont mises en place. Par conséquent, il est essentiel d'envisager d'autres mesures que le port de lunettes à coques étanches ou d'un écran facial et la mise en place d'une marche à suivre visant l'utilisation d'équipement de protection individuelle. Les douches d'urgence et les douches oculaires constituent une mesure complémentaire en vue de réduire le plus possible les effets d'une exposition accidentelle à des produits chimiques.

Les douches d'urgence peuvent également être utilisées efficacement pour éteindre les vêtements enflammés ou pour rincer les vêtements contaminés.

Douches oculaires et douches oculaires/faciales

Les douches oculaires doivent être conçues de manière à distribuer le liquide aux deux yeux simultanément, à un débit d'au moins 1,5 litre/minute (0,4 gallon/minute), pendant 15 minutes.

Les appareils combinant une douche oculaire et une douche faciale nécessitent un débit d'eau de 11,4 litres par minute (3,0 gallons/minute). Toutefois, le débit des deux douches ne doit présenter aucun danger pour les yeux. L'appareil doit être installé à une distance comprise entre 83,8 et 134,6 cm (33 à 53 po) du sol, et à au moins 15,3 cm (6 po) du mur ou de l'obstacle le plus proche.

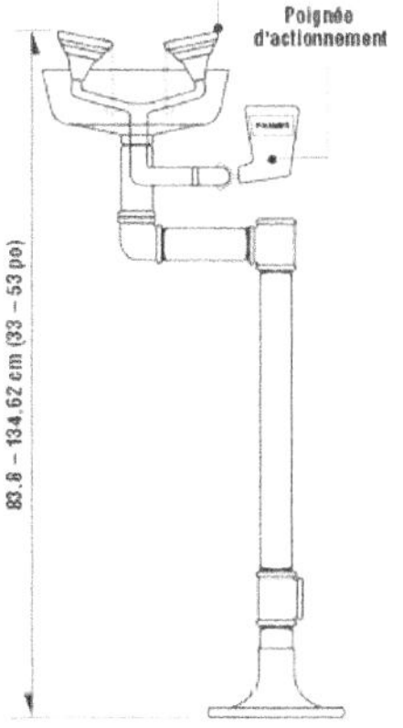

Dans le cas d'une douche oculaire, l'utilisateur doit pouvoir ouvrir ses paupières avec ses mains tout en gardant les yeux dans le liquide. Quant à la douche oculaire/faciale, l'utilisateur doit avoir assez d'espace pour maintenir les paupières ouvertes avec ses doigts tout en veillant à ce que les yeux et le visage demeurent sous l'eau.

Tout comme pour la douche d'urgence, cet appareil doit également être conçu de manière à pouvoir être actionné en moins de 1 seconde et à demeurer opérationnel sans que l'utilisateur ait à garder la main sur le robinet (ou le levier, la poignée, etc.). Ce robinet doit être installé à un endroit facilement accessible.

Étant donné que les buses des douches oculaires doivent généralement être protégées contre les contaminants aéroportés, les appareils doivent être conçus de manière à ce que le retrait de ces protecteurs ne nécessite aucun mouvement supplémentaire de la part de l'utilisateur lorsqu'ils sont actionnés.

Douches oculaires portatives

Conçues pour fournir immédiatement le liquide de rinçage, les douches oculaires portatives peuvent être utilisées lors du transport de la victime vers la douche oculaire permanente ou une installation médicale. Ces douches ne suppriment pas l'obligation de disposer d'une douche oculaire capable d'assurer une période de rinçage de 15 minutes. La date d'expiration du liquide doit être imprimée en permanence sur l'appareil.

Où doit-on installer des douches d'urgences?

Pour être efficace, cet équipement devrait être placé à moins de 10 secondes des travailleurs, donc 16 ou 17 mètres au plus. Il peut même être nécessaire d'installer des équipements directement à côté du poste de travail, mais sans risque de contamination.

- Laboratoires
- Zones de manipulation de matières dangereuses
- Aires très poussiéreuses
- Aires de chargement des batteries
- Opérations de pulvérisation
- Opérations de trempage

Combien de temps doit-on se rincer sous la douche?

Cela dépend du produit et du degré d'exposition. Cela peut varier de 5 à 60 minutes. Toujours se référer à la fiche de données de sécurité et contacter un centre antipoison ou les autorités médicales compétentes.

Premier arrivé, premier sorti!

Premier arrivé, premier sorti!
Certains d'entre vous sont peut-être familiers avec le principe FIFO désignant en anglais First in, First out ou premier arrivé, premier sorti en français. Le FIFO est une méthode pour organiser les biens tels que la nourriture ou de manière numérique pour la gestion de données. Dans l'industrie alimentaire, le FIFO est essentiel pour assurer la fraîcheur des aliments et ainsi prévenir les infections alimentaires et mieux contrôler les coûts.

Est-ce qu'un produit nettoyant peut expirer?
Quand il en vient aux désinfectants, le principe du FIFO s'applique aussi. Le plus frais ou, disons le plus neuf est le produit de choix. À l'occasion, j'entends des gens dire que ce n'est pas grave puisque les savons n'expirent pas. Malgré le fait que la durée de vie des produits nettoyants est bien supérieure à la plupart des produits alimentaires, les produits nettoyants expirent bel et bien! La même chose est vraie pour les désinfectants.

Qu'il utilise la technologie des ammoniums quaternaires, du chlore ou du peroxyde, le principe actif diminuera au fil du temps. Pour assurer une désinfection de qualité, il s'avère important d'implanter un système de gestion FIFO pour les produits d'entretien. En utilisant toujours en premier le plus vieux désinfectant en stock, vous vous assurez de ne pas rester pris avec des produits périmés!

Comment savoir si vos produits nettoyants sont expirés?

Voilà une question avec un sens bien large. Pour les désinfectants, cela s'avère assez simple; Santé Canada et l'EPA (Environmental Protection Agency) aux États-Unis exigent qu'une date d'expiration soit présente sur les étiquettes des produits désinfectants. Pour ce qui est des produits nettoyants par contre la plupart n'ont pas de date d'expiration et leurs durées de vie varient grandement d'un produit à l'autre.

Toutefois, certains signes vous laisseront des indices. Par exemple, si la couleur, l'odeur, la consistance du produit sont changées. Encore, si un dépôt important apparaît cela indique que le produit est probablement périmé. En cas de doute, n'hésitez pas à contacter votre manufacturier; avec le numéro de lot du produit, il pourra vous indiquer si votre produit est expiré ou non.

Bonne journée mondiale du lavage des mains

À la mi-octobre de chaque année, c'est une journée dédiée à la conscientisation et la compréhension du lavage des mains.

Se laver les mains, c'est facile
Une petite quantité d'eau et de savon suffisent pour accomplir une action qui a beaucoup de bénéfice. Trente secondes, un peu de frottage des mains et le tour est joué.

Se laver les mains, c'est efficace
Se laver les mains après être allé aux toilettes ou avant de manipuler des aliments peut réduire de façon dramatique le risque d'infection tel que les infections alimentaires. Cette année, le lavage des mains a été une étape clé dans la lutte contre le virus Ebola en Afrique de l'Ouest.

Se laver les mains, c'est pour tous
Nous demandons souvent aux enfants de se laver les mains avant de manger, lors du retour de l'école ou après qu'ils aient joué dans le jardin. Toutefois, des nourrissons aux aînées, ce geste ne diminue pas en importance. Les infections peuvent être transmises de n'importe qui à tous. Après tout, le lavage des mains est l'action coût-bénéfice la plus efficace en santé publique.

Chapitre 5 – Histoires

Les hôpitaux d'ici et d'ailleurs

Le dicton dit, le gazon est toujours plus vert chez le voisin. Allons voir chez nos voisins ce qu'il y a.

Sierra Leone

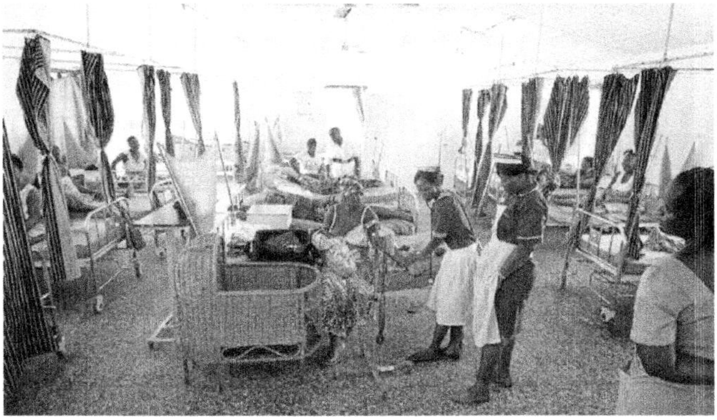

Un hôpital de maternité au Sierra Leone. Depuis 2010, de plus en plus de femmes décident d'enfanter dans les hôpitaux.

Taiwan

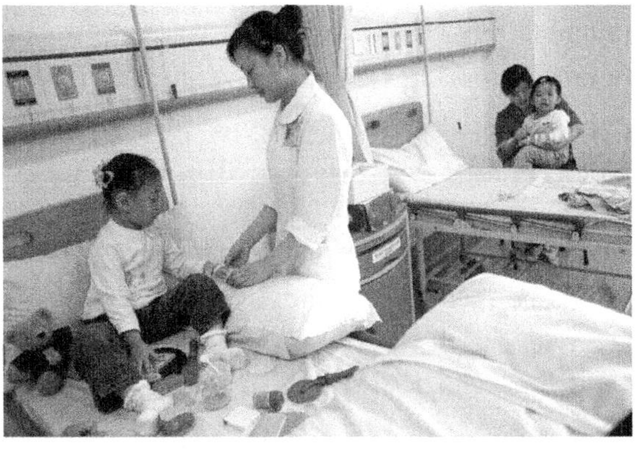

Couleurs-hôpital semble être une notion internationale!

Soudan

Parfois, les budgets n'incluent pas des lits…

Russie

Certains hôpitaux russes au-delà de l'Oural sont toujours en attente de modernisation postsoviétique.

Pologne

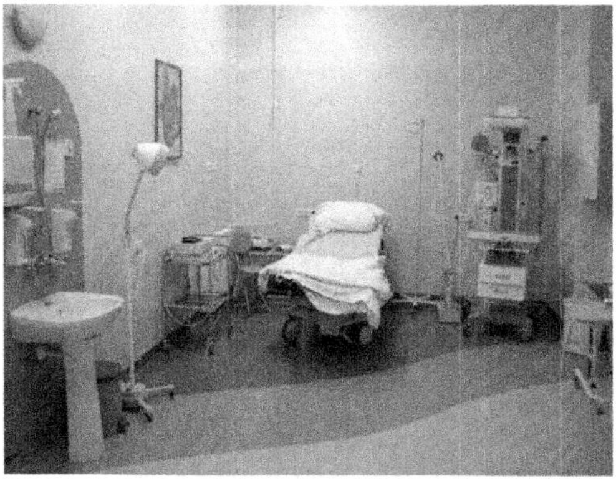

La Pologne modernise ses hôpitaux pour outrepasser les souvenirs du règne soviétique.

Émirats Arabes Unis

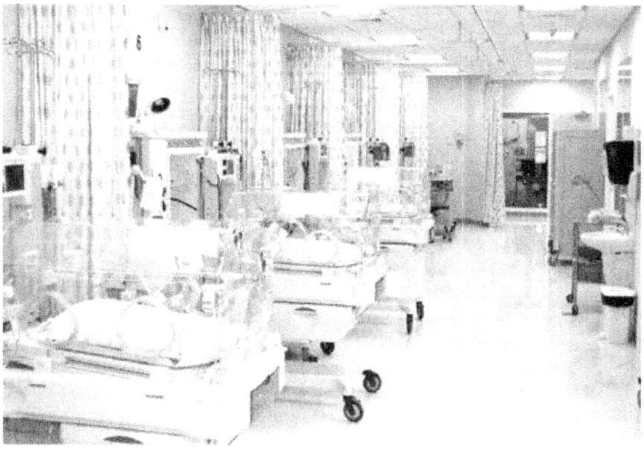

Hôpital moderne de Dubaï, rien de trop beau!

États-Unis

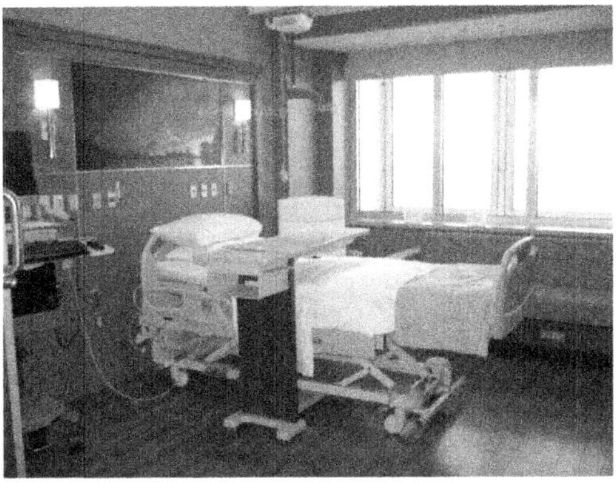

Si on a les moyens, les hôpitaux privés américains offrent le grand luxe!

Québec

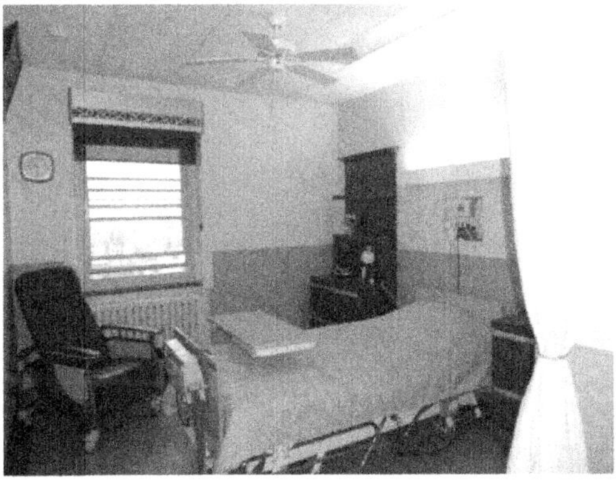

Bien que les hôpitaux ne soient pas tous jeunes ou rénovés, nous pouvons être fiers de la qualité de l'entretien dans nos hôpitaux!

Rouleau de papier de toilette, dans quel sens doit-on l'installer?

Voilà un sujet de couple incontournable: **de quel sens doit-on installer le rouleau de papier de toilette?**

Selon le brevet No 465,588 datant du 22 décembre 1891, le papier de toilette doit être installé comme le démontre l'image ci-dessous:

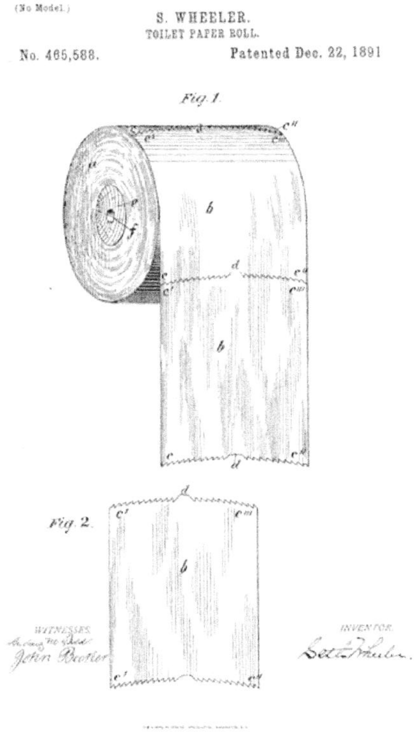

Son brevet énonce entre autres:

Mon invention consiste en un rouleau de feuilles reliées de papier pour la toilette, ledit rouleau ayant des incisions à intervalles s'étendant de la face de la bande vers le centre et se terminant par une sortie angulaire, de sorte que la légère connexion gauche peut être séparée sans dommage pour les feuilles reliées.

Rouleau de papier de toilette

De nos jours, le papier de toilette en rouleau fait partie de notre quotidien. Heureusement! D'ailleurs, vous pouvez trouver des produits de papiers pour tous les goûts sur notre site **www.lalema.com.**

Quand les vaches médiévales tuaient les superbactéries

Crédit photo: Rob Young

Le dimanche matin de Pâques, je lisais La Presse+ et je tombe sur un article fort intrigant.

Une potion médiévale pour tuer des superbactéries
En gros, la recette va ainsi:

- de l'ail
- de l'oignon
- du vin
- de la bile extrait de l'estomac **d'une vache!**

Mélanger des quantités égales d'ail et d'oignon. Ajouter le vin et la bile en quantités égales. Laisser reposer dans un contenant de cuivre pendant neuf jours. Filtrer à travers un morceau de tissu. Appliquer avec une plume dans l'œil infecté du patient avant le coucher.

Si l'on se fie au résultat de l'étude, la potion a tué en laboratoire 99.9 % des bactéries *Staphylococcus aureus* résistant à la méthiciline (ou SARM).

Plus de recherches à venir

Il est clair qu'on ne peut pas essayer cela à la maison! Mais la recherche continue et qui sait, il y a peut-être de l'avenir avec cette recette médiévale.

Art de rue 3D appliquée aux salles de toilettes

Cette fois-ci, on parle d'art de rue 3D. C'est tout.

Parfois, les vandales ont le sens de l'humour

Parfois, les vandales ont le sens de l'humour. Voici 7 signes vandalisés d'une façon, ma foi, assez comiques!

Merci Tom

« Jazz Hands »

Attention aux serpents

Une machine à bacon

Merci professeur

N'essayez pas de boire du café avec des ustensiles, c'est salissant.

Des livres sur les concierges

J'ai pensé qu'un peu de lecture serait de mise. Alors pourquoi pas des livres qui parlent de concierges! Ayant une accumulation de plusieurs dizaines de livres moi-même, j'avoue ne pas les avoir tous encore lus. Ma liste est maintenant plus longue! Et la vôtre?

Le père Noël travaille à mon école
Par Élaine Turgeon

Une histoire de détective. Est-ce que le père Noël et le concierge sont la même personne?

Un drôle de concierge

Par Carole Muloin

Un livre jeunesse que vous avez vu à la maison si votre enfant a entre 6 et 8 ans.

L'Étonnante Concierge

Par Dominique Demers

L'histoire farfelue d'une concierge.

La vieille qui voulait tuer le bon Dieu

Par Nadine Monfils

Un emploi de concierge dans un immeuble foutraque.

La concierge du Panthéon

Par Jacques Godbout

L'histoire d'un Québécois à Paris.

Le concierge

Par Todd Hopkins, Ray Hilbert

Le Concierge est une histoire inspirante et captivante ayant le pouvoir de procurer à tout cadre potentiel les clés d'un succès réel et vrai.

Les concierges

Par Tyler Whitesides

Une histoire de concierge dans un monde fantastique.

Bonne lecture!

Des films sur les concierges

Après les bons commentaires et l'intérêt qu'a suscité mon article précédent sur les livres qui parlent de concierges, je repars de plus belle avec des films sur les concierges. Nous désirons vous avertir certains films ne sont pas classés Général!

Le destin de Will Hunting
Drame, 1997 avec Matt Damon et Robin Williams. Écrit par Matt Damon et Ben Affleck.

Mientras duermes (Malveillance)
Drame d'horreur 2011. Un film de concierge qui fait peur.

The Janitor 2014

Action, 2014. Basé sur une histoire vraie aux Philippines.

Space Janitors

Une « web série » toute canadienne et récompensée par plusieurs prix! 3 saisons!

Don McKay

Drame, Mystère, Thriller, 2009.

Flawless
Crime, drame, thriller, 2007. Avec Demi Moore et Michael Caine.

Des films, encore des films!
Il y a plein d'autres films sur les concierges. Par contre le rôle de concierge dans les films et souvent celui d'un concierge d'hôtel ou de celui qui assiste les organisations à se débarrasser des gens gênant. En fait, moi qui suit cinéphile, j'ai même décidé de ne pas vous en montrer certains. Une recherche sur Google vous démontrera pourquoi!

J'ai toutefois observé une tendance: dans les livres, les concierges sont très présents dans les livres pour enfants alors que dans les films, on les retrouve souvent dans les films de suspenses ou d'horreur. Heureusement, on en retrouve aussi dans les comédies!

Chapitre 6 – Développement durable

Jour de la Terre – C'est le temps ou jamais!

Le 22 avril est la journée dédiée à la Terre. Le Jour de la Terre en sera à sa 46e édition en 2016. Ce jour de sensibilisation et réflexion a été lancé en avril 1970 par le sénateur américain Gaylord Nelson, voulait d'abord secouer l'inertie politique et collective face à la pollution et la dégradation de notre environnement.

Pour la plupart des gens et des organisations, recycler, réduire à la source et poser des gestes verts fait partie du quotidien. Il est toutefois possible d'aller encore plus loin.

Réduction de l'eau

Un robinet automatique permet d'économiser jusqu'à 70 % de l'eau utilisée pour se laver les mains, selon une étude bruxelloise. En ouvrant l'eau seulement lorsque les mains se trouvent sous le jet, on évite le gaspillage… et les débordements.

Plus avant-gardiste (et écologique) encore, l'urinoir sans eau économise jusqu'à 40 000 gallons d'eau par urinoir, par année! Cette innovation élimine les odeurs grâce à une cartouche d'enzyme et le rejet est directement évacué.

Plus de papier!

Le séchoir à main moderne peut utiliser jusqu'à 80 % moins d'énergie que les séchoirs électriques habituels. En séchant les mains à l'air, on élimine le papier, et ce modèle a de plus l'avantage de permettre de réduire le bilan de carbone des entreprises.

L'automatisation est définitivement l'avenir de la planète!

Bye-bye l'acide phosphorique. Une bonne nouvelle pour la Terre.

Une collaboration spéciale de Rosario Corbo.

Lalema est fière de vous annoncer que l'acide phosphorique a été éliminé de tous nos produits. Cet acide a été remplacé par un mélange d'acides biodégradables, non-eutrophisants et moins toxiques.

Pourquoi retirer l'acide phosphorique de vos produits nettoyants
L'acide phosphorique n'est pas particulièrement nocif pour son utilisation, mais il est une des causes principales de l'eutrophisation des eaux. Pour expliquer en détail, on doit mieux comprendre l'eutrophisation.

Réduire l'eutrophisation
Selon l'OCDE (Organisation de coopération et de développement économiques):

L'eutrophisation est le phénomène caractérisé par une prolifération excessive d'algues et de plantes aquatiques due à une surcharge d'éléments nutritifs dans les eaux (phosphore en particulier). L'accroissement des apports, en particulier en phosphore, a conduit à une eutrophisation accélérée qui se caractérise par une forte prolifération végétale comme par exemple des algues parfois toxiques ou des cyanobactéries. Une fois que le phosphate est entré dans le système des lacs, son extraction est difficile et donc renverser les effets de l'eutrophisation est très difficile.

Les sources principales de ce surplus de phosphate sont les détergents, les rejets industriels ou domestiques et les fertilisants.

L'économie circulaire au Québec

Une collaboration spéciale de Rosario Corbo.

Au Québec, l'environnement et la gestion des matières résiduelles sont des sujets qui nous tiennent à cœur. Le pilier de la protection de l'environnement est le développement durable. Selon le Plan de développement durable du Québec, celui-ci se traduit par un processus continu d'amélioration des conditions d'existence des populations actuelles qui ne compromet pas la capacité des générations futures de faire de même et qui intègre harmonieusement les dimensions environnementale, sociale et économique du développement.

Lalema passe à l'action avec l'économie circulaire

De cette façon, Lalema a décidé de passer à l'action et amorcer des changements graduels dans ses façons de faire lors de la gestion de ses approvisionnements et matières résiduelles en se basant sur le principe des 3RV. Il s'agit de favoriser la réduction à la source, le réemploi, le recyclage et de valoriser les matières résiduelles.

- Réduire à la source est le principe fondamental de gestion pour diminuer la quantité de biens consommés, ce qui nécessairement diminue la quantité de ressources naturelles consommées.
- Réemploi est de donner une deuxième vie aux objets et d'utiliser ce que les autres n'ont pas plus besoin.
- Recyclage est le fait de transformer une matière résiduelle dans une matière première pour la fabrication d'un nouveau produit
- Valorisation est de donner une deuxième vie aux produits, mais de différentes façons. Généralement cela se fait par la voie biologique par exemple le compost ou par voie énergétique comme les biocarburants

La transformation des matières résiduelles en matières premières pour d'autres procédés est ce qu'on connait comme économie circulaire. C'est un principe que Lalema développe dans plusieurs de ces produits et graduellement sera appliqué de plus en plus.

Chapitre 7 – Tendances

Pénurie de produits nettoyants en vue?

Les compagnies pharmaceutiques se plaignent de plus en plus du manque de matières premières dans leur industrie, ce qui se traduit par une pénurie de médicaments sur le marché. Bien que l'industrie des produits nettoyants est fondamentalement différente, plusieurs similarités existent; entre autres, l'approvisionnement en matière première.

Pénurie de pétrole

Ainsi, il est justifié de se demander si un jour nous aurons à notre tour une pénurie de produits nettoyants. Une partie des ingrédients de nos formulations sont dépendants du pétrole. Avec l'augmentation des prix et la raréfaction des combustibles fossiles, il est possible que certains produits viennent à manquer.

Développement durable et écoconception

Heureusement, plusieurs alternatives des produits actuellement utilisés existent. Lors de la conception de nos produits et particulièrement en ce qui concerne les produits de la gamme Eko, Lalema choisit soigneusement des ingrédients issus de sources renouvelables.

Néanmoins, nous devrons faire face à de nouveaux défis dans les années à venir. Voilà une bonne raison d'encourager la recherche dans le domaine du développement durable. Les énergies vertes, la synergie industrielle et l'approvisionnement en ingrédients issus de ressources renouvelables sont donc clé dans cette perspective.

C'est pourquoi l'avenir d'une compagnie comme la nôtre passe par la recherche, le développement et l'utilisation de nouvelles technologies.

Redéfinir l'hygiène

Redéfinir l'hygiène, c'est aussi s'assurer d'être responsable vis-à-vis l'environnement et le futur de notre industrie.

5 tendances en hygiène et salubrité

Voici mes prévisions pour la prochaine année en hygiène et salubrité.

La lutte aux infections nosocomiales

Le nombre de cas de *C. difficile* dans les hôpitaux du Québec s'est beaucoup amélioré depuis une dizaine d'années. Depuis, 2004, les incidences sont compilées mensuellement dans plus près de 90 établissements.

Après le sommet de 2005 à environ 18 incidences par 10 000 jours-présences, le taux se maintient généralement en bas de 10 incidences par 10 000 jours-présences sauf dans les pointes observées en hiver ou au printemps où le taux a grimpé jusqu'à 11,6 en 2012-2013.

Ce constat ne veut dire qu'une chose: c'est qu'il faut encore s'améliorer.

Les objets connectés

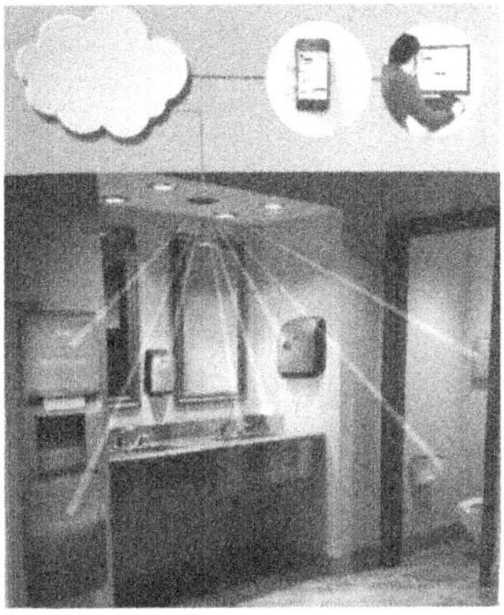

Avec les lunettes intelligentes (Google Glass), les montres connectées (Apple Watch) et les gants multifonctions (Samsung Gloves), on peut s'attendre à ce que les objets qui nous entourent soient un jour tous connectés. Imaginez un peu des distributeurs qui envoient un signal sur votre téléphone pour dire qu'il est temps de changer le rouleau, un savonnier qui vous informe que la bouteille est vide ou une bouteille de désinfectant dont la date de péremption est dépassée qui vous envoie une alerte!

Et pourquoi pas, un système d'inventaire qui place automatique les commandes chez le fournisseur!

Le papier à base de fibres ne provenant pas d'arbres

L'utilisation de ressources renouvelables telles le papier provenant d'arbres cultivés dans des forêts qui respectent le taux de renouvellement est une bonne chose.

L'utilisation de papiers recyclés est aussi une autre excellente façon de réduire notre consommation. Mais si nous utilisions autre chose que des arbres?

L'eucalyptus, la paille de blé et le bambou font déjà partie des matières premières renouvelables qui seront assurément utilisées de plus en plus.

L'aspect esthétique des objets

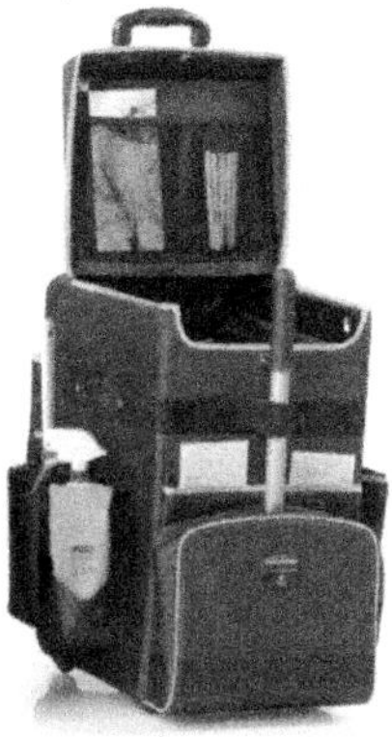

Verra-ton le jour où les accessoires et équipements en entretien seront fonctionnels, mais aussi beaux? C'est bien sûr le meilleur des deux mondes. Mais voilà qu'on retrouve de plus en plus d'équipements de haute qualité et esthétiquement recherchés qui, du même coup, renvoient une meilleure image du métier qu'est celui de préposé à l'hygiène et salubrité.

L'organisation du travail, la formation et l'évaluation de la qualité

La main-d'œuvre représente près de 93 % du budget d'un service d'entretien sanitaire. Il faut convenir qu'à ce titre, l'organisation et l'optimisation de la production revêtent une importance capitale trop souvent sous-estimée.

En plus d'apporter une valorisation accrue de la part du personnel, l'impact de la formation et d'une meilleure organisation du travail augmente généralement la qualité des prestations de manière significative.

4 innovations à surveiller

Chaque année, l'International Sanitary Supply Association (ISSA) récompense les plus grandes innovations de l'industrie. En voici quelques-unes:

Tandem+ Nano

La compagnie Cascades redéfinit encore une fois les systèmes de distributions de papier avec un nouveau système ultra compact.

Les salles de bains intelligentes

La compagnie SCA lance le Tork EasyCube. Un système d'évaluation du trafic et d'utilisation des consommables des salles de toilettes en temps réel!

Des stations de recyclage personnalisables et modulaires

Rubbermaid Commercial Product réinvente les stations de recyclage pour combler vos besoins.

Des surfaces adhésives protectrices de plancher

3M propose des autocollants pour plancher qui résisteront à l'entretien et prolongeront la vie de vos revêtements de sols.

Le futur est proche

Crédit photo: Electrolux Design Lab

Depuis quelques années, on voit de plus en plus de robots aspirateurs ou nettoyants. En fait, je pense que ça a même commencé par le fond des piscines dans les années 90. Mais soyons futuristes!

MAB: un concept futuriste

MAB est un système de nettoyage automatique consistant de centaines de minirobots volants qui nettoient les surfaces. Le concept revient à Adrian Perez Zapata un designer industriel de 25 ans de Colombie.

Il a remporté en 2013 le concours de design d'Electrolux Design Lab.

Le concept des robots insectes

Le tableau suivant résume le processus de nettoyage en 7 étapes:

1. Le mélange de l'eau et de la substance donne une plus grande tension de surface.
2. Le mélange est distribué à des subordonnés – robots
3. Les robots volent avec la charge. Les robots utilisent une hélice pour voler.
4. Les robots de nettoyage touchent la surface avec leur gouttelette de fluide
5. La goutte capture la saleté et la transporte vers le noyau

6. Le noyau filtre la saleté
7. Le noyau récupère le pourcentage le plus élevé possible de l'eau pour relancer le cycle.

Une technologie branchée

Évidemment, le tout peut être contrôlé à l'aide d'un téléphone intelligent ou à distance à l'aide d'un ordinateur. Un écran tactile est également disponible sur l'appareil central.

Lalema innove aussi

Encore à l'étape du concept, il faudra encore plusieurs années avant de voir des minirobots volants. Mais c'est à partir d'idée que nous aussi innovons.

Nous sommes toujours à la recherche d'idées pour vous aider à améliorer la qualité du nettoyage et de vos environnements. Alors, n'hésitez pas à partager vos idées avec nous!

Le futur est plus proche qu'il n'y parait!

Références

1. http://blog.lalema.com/virus-ou-bacterie-quelle-est-la-difference/
2. http://blog.lalema.com/origines-ebola/
3. http://blog.lalema.com/pour-en-finir-avec-la-teigne/
4. http://blog.lalema.com/norovirus-tout-ce-que-vous-devez-savoir/
5. http://blog.lalema.com/empecher-que-ca-ne-devienne-viral/
6. http://blog.lalema.com/mers-cov-notions-de-desinfection/
7. http://blog.lalema.com/microcapsule-les-spores-bacteriennes/
8. http://blog.lalema.com/petite-histoire-grippe/
9. http://blog.lalema.com/mise-au-point-sur-la-tuberculose/
10. http://blog.lalema.com/guide-pratique-traitement-taches/
11. http://blog.lalema.com/comprendre-les-filtres-hepa/
12. http://blog.lalema.com/avec-ta-brosse-a-cuvette-tu-ne-contamineras-pas/
13. http://blog.lalema.com/simdut-2015-etes-vous-pret-pour-la-nouvelle-reglementation/
14. http://blog.lalema.com/simdut-2015-lecheancier-a-retenir/
15. http://blog.lalema.com/pourquoi-les-douches-durgence-et-les-douches-oculaires-sont-elles-importantes/
16. http://blog.lalema.com/premier-arrive-premier-sorti/
17. http://blog.lalema.com/bonne-journee-mondiale-du-lavage-des-mains/
18. http://blog.lalema.com/les-hopitaux-dici-dailleurs/
19. http://blog.lalema.com/rouleau-de-papier-de-toilette-dans-quel-sens-doit-on-linstaller/
20. http://blog.lalema.com/quand-les-vaches-medievales-tuaient-les-superbacteries/
21. http://blog.lalema.com/billet-du-vendredi-art-de-rue-3d-appliquee-aux-salles-de-toilettes/
22. http://blog.lalema.com/parfois-les-vandales-ont-le-sens-de-lhumour/
23. http://blog.lalema.com/des-livres-sur-les-concierges/
24. http://blog.lalema.com/des-films-sur-les-concierges/
25. http://blog.lalema.com/jour-de-la-terre-cest-le-temps-ou-jamais/
26. http://blog.lalema.com/bye-bye-lacide-phosphorique-une-bonne-nouvelle-pour-la-terre/
27. http://blog.lalema.com/leconomie-circulaire-au-quebec/
28. http://blog.lalema.com/penurie-de-produits-nettoyants-en-vue/
29. http://blog.lalema.com/5-tendances-en-hygiene-et-salubrite-pour-2015/
30. http://blog.lalema.com/billet-du-vendredi-une-nuee-de-robots-insectes-pour-nettoyer-les-surfaces/
31. http://blog.lalema.com/4-innovations-a-surveiller-en-2016-en-hygiene-et-salubrite/

Réponses du jeu-questionnaire

- Virus: B, D, E
- Bactérie: A, C

Printed in Dunstable, United Kingdom

91218509R00048